U0682490

改变世界的发明

[法]巴亚出版社/编绘　潘　蕾/译

天津出版传媒集团

新蕾出版社

目录

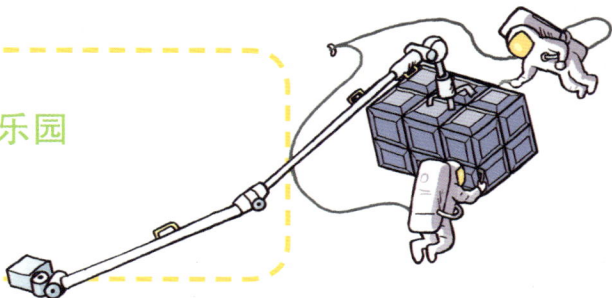

从可可到巧克力

　　超市里的货架上总是摆放着琳琅满目的巧克力：黑巧克力、奶油巧克力、松露巧克力……它们可真美味啊！几个世纪以来，人们种植可可，收集可可豆，制成巧克力运往世界各地。

1000 多年前的中美洲，阿兹特克人开始种植可可树，并收集可可树的果实——可可豆。

阿兹特克人把可可豆碾碎后倒入水中，再加点儿辣椒！就这样，他们获得了一种很苦的饮料——苦水。

　　这种苦水会让人精力充沛。阿兹特克人喝一碗苦水就能连续劳动好几个小时。

阿兹特克的医生还用可可豆制造药物。可可脂能治疗晒伤，苦水可以缓解疼痛。

阿兹特克人还把可可豆当货币，用来购买其他东西。一个牛油果值三个可可豆，买只兔子则需要十个可可豆。

　　阿兹特克人认为苦水是他们的"羽蛇神"最喜欢的饮品。为了让羽蛇神高兴，他们会在祭祀仪式中献上苦水。

　　阿兹特克人还认为可可种植园是神灵的花园，因此他们把园中偷吃可可豆的猴子和鹦鹉都赶走了！

500 年前，西班牙人赫恩·科尔蒂斯和他的士兵在中美洲登陆，他们是来这里寻找黄金的。为了表示欢迎，好客的阿兹特克人给他们端来了可可豆和苦水。

士兵们觉得苦水太难喝了！但是这种饮品富有营养，为了获得能量，他们还是喝了下去。

后来，西班牙的僧侣也来到了中美洲。为了消减苦涩的味道，他们把糖和香荚兰添加到苦水里。就这样，他们发明了巧克力！

这时，赫恩·科尔蒂斯发现，阿兹特克人用黄金制造了很多东西。对这些闪烁着金光的精美饰物，他垂涎不已。

赫恩·科尔蒂斯带领他的士兵杀死了很多阿兹特克人，并夺走了他们的黄金。在阿兹特克人的宫殿里，他们发现了更加令人惊奇的宝藏——堆积如山的可可豆！

赫恩·科尔蒂斯派了一艘船回西班牙，船舱里堆满了抢来的珍宝——黄金和用来做巧克力的可可豆！

欧洲的王公贵族第一次品尝巧克力，就爱上了这种味道！巧克力成了风靡一时的食品。可是当时巧克力的价格非常昂贵，只有富人才能够享用。

到了今天，人们做出了各种各样的巧克力，它的价格也变得越来越便宜了，全世界的人都能吃到。牛奶巧克力、果仁巧克力、黑巧克力……你喜欢哪一种呢？

你知道吗？

1828年，荷兰人范·侯登发明了可可粉，巧克力的制作变得方便了许多！

1847年，英国人约瑟夫·弗莱制作了模具，他将融化的巧克力倒在里面，冷却成形后，巧克力块就诞生了！

今天，世界上的很多地区——美洲、非洲和亚洲都在种植可可树。人类真是喜爱巧克力啊！

糖果真好吃！

甜甜的糖果是孩子们的心爱之物，丰富的口味、缤纷的色彩再配上富有想象力的形状，真是让人垂涎啊，难怪连爸爸妈妈也无法抵御它的诱惑！在享受美味糖果的时候，你有没有想过糖果是如何发明出来的呢？

　　早在远古时代，人类发现蜂蜜有一种甜甜的味道，这份甘甜余味绵长，令人久久不忘。在食物匮乏的远古时代，这无疑是天赐的美味！这种美味并不只存在于蜂巢里，住在热带地区的古人还在一种野生植物的茎里发现了甜美的汁液，这种汁液和蜂蜜一样甘甜怡人。这种植物就是甘蔗。

　　2500 年前，有人想到将蜂蜜、杏仁和香料混合起来，做出一种黑色的果仁糖。这种又香又甜的糖很受大家的欢迎，但是那时候蜂蜜很珍贵，一般的家庭是吃不起这种果仁糖的。先秦时代的中国人利用米和麦做出了可口的甜食，湿而软的称为饴，硬而干的称为糖。

　　蔗糖的出现，是在人类学会种植甘蔗之后。据西方学者称，印度是甘蔗的故乡。印度人不仅很早就学会了种植甘蔗，而且早在 4 世纪前就已经掌握了熬糖的技术。他们用甘蔗汁熬出糖块，然后贩卖到其他国家。和蜂蜜相比，蔗糖不仅产量大，而且便于运输和保存。

因为不易运输，好几百年间，蔗糖在欧洲都是很紧缺的东西，因此价格十分昂贵。中世纪时，蔗糖在欧洲珍贵到只在药房论克出售，只有贵族才吃得起。当时人们认为，有糖吃的人是第一等幸福之人。现在看来，这种想法虽然可笑，却也反映出当时人"嗜糖"的原因。

中国的南方地区自古就盛产甘蔗。宋代时，糖已经成为人们的日常食品，而且发展出很多品种。甘蔗生长需要温暖的气候和大量的水分，因此它适合种植在热带和亚热带地区。欧洲因为气候原因不产甘蔗，所以古代欧洲人一直不知蔗糖是什么味道的。1000 多年前，欧洲的骑士经常远征，因此他们发现了蔗糖。骑士们凯旋的时候带回了蔗糖，欧洲人才尝到这种味道，觉得这是天下无双的美味。

国王和贵族在尝到了"甜头"之后，都不可自拔地爱上了糖。为了满足他们的口腹之欲，厨师们用糖做出各种甜食，他们还用蔗糖来腌制食品，做出了最初的糖渍蜜饯。甜食，渐渐成为欧洲人生活中不可或缺的美食。

600多年前，随着糖的用量在欧洲越来越大，欧洲人开始外出寻找更多的糖，与此同时，厨师们也在不断发明创造更多的甜点。

300 多年前，欧洲一些城市开始出现售卖糖果的小店，这就是早期的糖果店。店中不仅售卖软糖、硬糖等，还出售花样繁多的甜食。

欧洲人对糖和其他物资的争夺，终于导致了战争的爆发。英国和法国在海上开战了，英国人用猛烈的炮火阻止法国的船只前行，这样一来，法国人就没有蔗糖吃了。喜爱甜点的法国人可是离不开蔗糖的啊，怎么办呢？

幸好科学家们在甜菜根里发现了大量的糖分。法国的土地正好适合甜菜的生长。很快，法国人开始种植甜菜。就这样，法国人又可以吃到糖了。别的欧洲国家也纷纷效仿，甜菜成为甘蔗之外的另一个主要糖源。

100多年前，人们建立了颇具规模的制糖厂，它们有的生产蔗糖，有的生产甜菜糖。这些制糖厂产糖量巨大，糖果商再也不用为货源担心了，美味的糖果源源不断地进入千家万户！

甜蜜蜜糖果生日会！

接住啊！

唱得好！跳得好！

多热闹啊！

我再吃一块！

味道
真不错！

　　今天，糖果的种类丰富多样，我们可以吃到上百种不同的糖果，例如巧克力糖、太妃糖、桂花糖……自己不时地吃上几颗当然有滋有味，但拿出来和朋友们一起分享，那就吃得更加开心了，不是吗？

不同种类的糖果

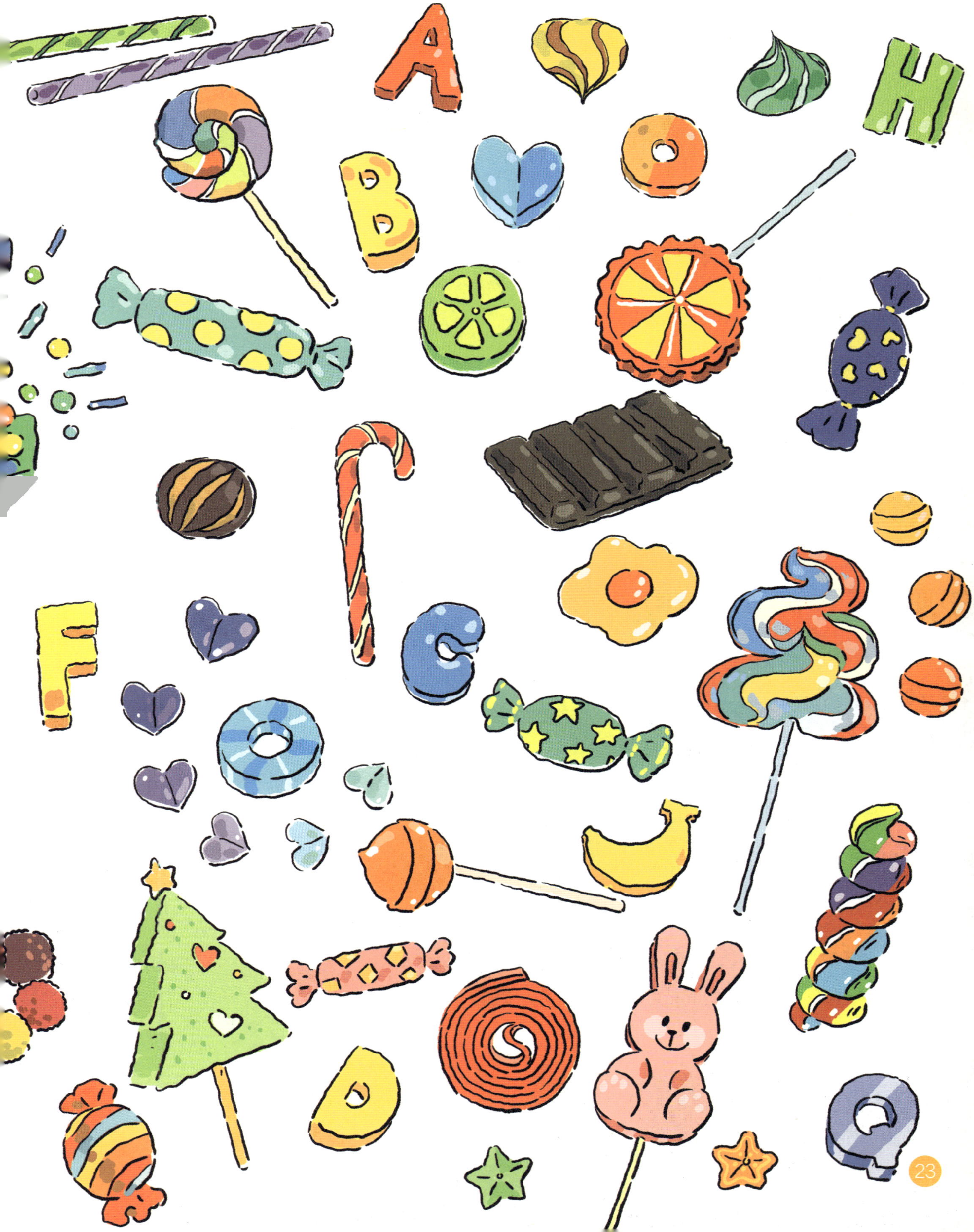

盐的奇幻旅程

　　看，那儿有成堆成堆的盐，真漂亮！可是盐究竟是从哪里来的呢？人类的制盐之旅可谓费尽周折……

　　很早，人们就知道海水是咸的。在古罗马时期，人们挖掘出低洼的池塘让海水流入其中，形成盐沼泽。在阳光的照射下，水分蒸发，人们就可以收集池塘底的盐。直到今天，盐沼泽还在使用。

但是在发明盐沼泽之前，人们是从地表获取盐的。你知道这些地表上的盐来自哪里吗？

现在地球上的一些陆地在恐龙时代是大海。

后来，海水蒸发没了，盐就留在了海底。

随着时间的流逝，原来的海底覆盖上了岩石和土壤。

这种盐被称为原盐。为了收集原盐，早在 6000 年前人类就挖掘出了第一个盐矿！因为盐会刺激到人的眼睛和皮肤，所以收集工作很艰难。

随后，人们有了意想不到的发现——水是咸的！原来是水携带着盐分渗出了地面。

高卢人首先把这种咸水收集到陶器中加热，水分蒸发掉后，打碎陶器就能收集到盐块。高卢人甚至把生产的盐卖到了意大利！

既然收集盐这么麻烦，为什么人们还要去收集呢？

因为在所吃的食物中加入盐能带给我们更好的味觉享受。

人们用盐清洁兽皮来做衣服。

盐还可以防止食物腐烂，比如肉类就可以在腌渍的情况下保存数月之久。

如果没有盐，人类的历史或许就不同了。例如：

古罗马士兵如果没有携带腌制好的食物，或许他们就不能征服其他国家。

伟大的探险家如果没有一桶桶盐，他们将无法穿越海洋。

几个世纪以来，人们一直在卖盐，有时候还会卖到很远的地方。于是，各种各样运输盐的方式应运而生。

在欧洲阿尔卑斯山，人们用驴运输盐。

在非洲撒哈拉沙漠，人们用骆驼运输盐。

在亚洲喜马拉雅山，人们用牦牛运输盐。

在中世纪，盐对人们来说非常重要，因此法国国王下令凡是购买盐的人都要交税，这种税叫盐税。

为了不交盐税，有些人开始秘密地买卖盐，这种行为就是走私。走私犯用狗运盐，士兵根本就抓不住它们！

不过，走私犯一旦被国王的士兵抓住，就会被关进监狱，甚至被判处死刑。

今天，大家吃饭的时候或许不会想到这么多关于盐的故事，但在享受美味的同时，我们应该感谢他人的付出。

你知道吗?

古罗马士兵每隔一段时间都会收到一包盐,这就是他们的薪金,就像今天大人们领取的工资一样。

盐的作用很多,在古时候,它还可以像金银那样当钱用。

今天,人们还会用盐来融化积雪。

人类是如何照亮夜空的……

每到晚上天一黑，我们就几乎什么都看不见了，真让人害怕！几千年以来，人们研究了许多方法来照明……

史前人类不喜欢夜晚，一旦太阳落下去，他们就看不见出来捕猎的猛兽，这对他们来说太危险了。那个时代，夜晚唯一的光源就是月亮，但并不是每个晚上都有月亮……

后来，一些人把被雷电引燃的树枝收集起来，并不断添加可燃物让火一直燃烧。他们发现火很有用：它能驱逐野兽，让人更加暖和，并且能够照明！

但当火灭了之后，怎样才能让它重新燃烧起来呢？经过长时间的探索，人类发明了钻木取火。

多亏了火光，人类哪怕在深夜也能继续做一些事情。他们制造工具、缝制衣服，或者围着火堆讲故事！

一个火堆能够照亮整个营地，但火堆并不能随身携带。怎样才能随身携带火呢？于是人类发明了顶端浸满树脂的火炬。

但是火炬燃烧得很快。后来人类产生了制造灯的想法：他们选取有凹陷的石头，在凹陷处倒入油脂，将灯芯放置其中并点燃，最初的灯就这样出现了。

2000 年前，罗马人发明了漂亮的雕刻灯。这种灯用橄榄油做灯油，能够长时间照明，并且很容易重新填充。

中世纪时期，欧洲人用绵羊油制成了蜡烛。这种蜡烛比油灯使用起来更方便，但是气味十分难闻！

在这个时期，人们居住的屋子里变明亮了，但街道上仍旧漆黑一片。为了不迷路，一些人在夜晚出行时都会携带灯笼，这种灯笼里的蜡烛不容易被吹灭。

后来，城市里的居民开始把灯笼悬挂在门前。夜间的行人需要为在街上陪伴他们的门前灯支付费用。

150 年前，城市被路灯照亮了。这些灯以煤气为燃料，光线比蜡烛灯笼更明亮。

夜晚，人们在室内使用煤油灯，但这种灯的光很微弱，想要阅读的话，就不得不靠近煤油灯，十分不便。而且煤油燃烧后的味道非常难闻！

还好有人发明了电灯，它的光很亮，没有味道，也不会散发烟雾，并且能够长时间亮着！

咖啡店

蛋糕店

宾馆

人类不畏惧宇宙的浩瀚，却畏惧夜空的黑暗。如今，电灯将黑夜点亮，城市的夜空就像白天一般明亮，不但方便，也让人安心。然而有时关下灯也很不错，不然如何欣赏月亮和星星呢？

你知道吗？

这些动物比人类更早"发明"了光！

鮟鱇鱼有一种触须，能够发光吸引猎物到它的嘴前。

乌贼的身体可以发出闪烁的光来催眠猎物。

萤火虫的尾部会在晚上发光。

风，太厉害了！

在很长一段时间里，人类都不知道风是从哪里来的，但这并没有影响大家去利用它。

远古时期，人类就已经感受到风拂过他们的身体，而且
他们发现这种看不见的力量能够吹动他们身边的东西……

5000 年前，人类就发明了帆船。他们在海洋上航行，寻找适宜居住的小岛。

随后，人类制造出的帆船越来越大。风使他们能够在海上越行越远。船上的人用捕到的鱼跟其他人交换物资。

后来，人类利用风创造了历史：维京海盗驾驶着他们的大帆船通过海路去掠夺，并攻占了很多地方。这些大帆船被称作维京船。

8世纪至11世纪，风在海上战争中起到了非常重要的作用。哪方的船长更懂得操纵风帆，哪方就能赢得战争。

　　人类不仅仅在海上利用风力航行，也在陆地上利用风碾磨粮食。最早的风力磨坊出现在亚洲的波斯。人类利用风力推动石磨碾碎谷粒，制成面粉。风力磨坊的发明使面粉产量大大提高。

中世纪时，欧洲兴起了建造风车的热潮。在荷兰，风车带动水泵抽水，这样可以帮沼泽地排水，使其变成耕地。

风能加速盐田中海水的蒸发，人类就可以收集沉在盐田底部的海盐。

人类创造了很多利用风的方法。在北半球的一些国家，农民会在屋顶上放置特殊的瓦片。这种瓦片上有几个洞，当北风吹过的时候，瓦片就会发出声音。这样，人们就知道天气将要变冷，狼会很难找到除羊以外的食物，大家就要更认真地看管羊群。

19世纪末，丹麦人研制出了风力发电机。这样，风能就可以源源不断地转化成电能！

今天，为了发电，工程师制造出许多大型风车。他们把风车放置在风力强劲的地方，有的还被放置在海上。

风是我们生活中不可或缺的一部分。它可以吹走污染物，还可以帮助室内通风换气。如果没有风，城市里的空气将浑浊不堪。

人类还不停地利用风创造快乐的生活：风筝、降落伞、滑翔机……风让人们保持了童真。

你知道吗？

2500 年前，希腊人认为风是由风神带来的。当暴风雨来临时，人们觉得是风神生气了。

风能产生海浪，给海洋带来氧气。

有很多形容风的方式：微风是轻柔的，寒风是凛冽的，而飓风是猛烈的……

文字的历史

在很久以前，人类还没有发明文字。他们为如何记住重要信息而烦恼。后来，人类发明了文字，它让我们的生活和工作更加方便！

5500 年前

　　在美索不达米亚的平原上，人们的贸易活动很频繁。为了记清他们卖出或买入了多少只绵羊、多少袋麦子，有人想到了个好主意——把数字画下来。慢慢地，人们简化了图画的内容，以许多小钉子的样式来代替。这就是早期的文字——楔形文字。

古埃及人用人物、动物和植物的图画发明了另一种文字，每种图形都代表一种物品、一种声音或是一个想法，这些图形文字被称为象形文字！

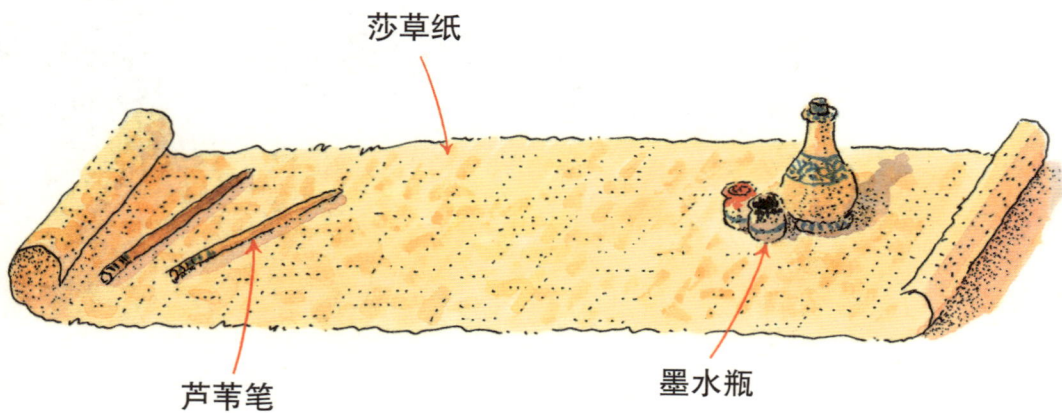

莎草纸

芦苇笔

墨水瓶

写字的时候要把芦苇笔伸到墨水瓶里蘸墨水。

中国人会用文字在龟甲或兽骨上记录占卜的结果，这种文字就叫作甲骨文。甲骨文是一种象形文字，很久以前的人们用简单的线条描绘出事物的轮廓，从而创造了这种文字。

古希腊人与腓尼基人进行贸易，并学习了他们的语言。但是光用腓尼基字母无法描述全部的希腊语音。为了解决这个问题，古希腊人又添加了元音。

古希腊字母

刻有古希腊字母的硬币

古罗马人根据腓尼基人的字母创建了自己的字母表，其中有 6 个元音和 20 个辅音。为了加快写字速度，古罗马人还发明了一种草写体。

古罗马人同时还发明了大写字母和小写字母。

硬笔

蜡板

La Caroline

到了中世纪，僧侣们每年只能手抄一本书，这实在是太慢了！于是僧侣们发明了一种小圆体书写法，每个字母都很清晰，写起来非常实用，称为卡洛琳体。

手写的书被称为手稿。

彩色插图

墨水和鹅毛笔

章节起首的大写字母，是一种带有装饰的字母。

德国人古登堡发明了一种机器，能一下子把一整张纸的内容印出来，这就是印刷机。它极大地加速了书籍的生产，但很多人还是保持着亲手抄书的习惯。

印刷机是如何运作的呢？

首先把内容反着刻在版上，然后刷上墨水。

在版上放一张纸按压，文字就会印到纸上了！

我们在学校里学习书写英文字母，将这些字母排列组合后就能向别人传达你的意思，而且计算机代码用的也是这种字母。

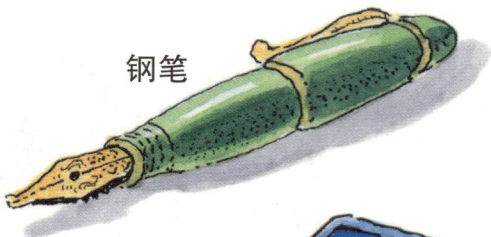

钢笔

本子

手机

平板电脑

你知道吗？

世界上有许多不同种类的文字，下面三种文字都是在说"你好"。

你 好

中文有几万个汉字，常用汉字约有 3500 个，读起来是"nǐ hǎo"。

印地语是印度人使用的文字，读起来是"namaste"。

阿拉伯语要从右往左书写。

有些古老的文字现在已经不再使用了，比如美洲玛雅人的文字。科学家仍在试图分析那些文字的意思。

如今全球仍有近 8 亿的成人不会读书写字。这是因为他们没有上学读书的机会。

厕所的故事

对小朋友来说，上厕所是一件很简单的事情。当你"方便"完毕，只要按下抽水马桶的按钮，"哗啦"一声就冲干净了！但是在历史上，人们可是为如何建造厕所、处理粪便费尽了心思。

史前时期，人类居无定所，到处流浪。他们到哪里，便在哪里搭个草棚栖身，如果想方便，可以找个地方就地解决。

　　1万多年前，人们开始定居下来，并逐渐聚居形成了村庄。由于粪便的味道非常难闻，人们便去河里解决，让河水将污物冲走。

　　后来，农民发现粪便是有益于庄稼生长的肥料。于是，大家都跑到田里去方便。

5000 多年前，有些村庄慢慢发展为城市，人们再要去田里方便就比较麻烦了！于是，人们用石头建造了最早的厕所，还设置了排水沟，用水将污物冲走。

2000 多年前，罗马人上公厕有点儿像社交活动，他们在那里相识、相见，在那里谈论事情。

中世纪的欧洲，人们使用便桶方便，然后把污物直接从窗户倒出去。这样一来，大街上到处都臭烘烘的。小心"中奖"啊！

有些设计城堡的人也考虑过如厕问题，他们把厕所建在城墙外侧，这样粪便就可以直接排到护城河里，很实用吧！

400 多年前，约翰·哈灵顿发明了抽水马桶。这是一项创举，难闻的气味可以彻底消失了！可惜的是，在那个年代，自来水的供应还远远不足。

300 多年前，像凡尔赛宫这样雄伟的城堡里也还没有厕所呢！平民和贵族都只能找个地方解决，就连国王也只有一把专用的马桶椅子。

后来，人们便有了使用夜壶的习惯。在有钱人家里，每天清晨侍者都要把夜壶里的污物倒在花园或是排水沟里。

至于便后擦拭，人们用的大都是卵石、树叶或布条，有水的话会简单清洗一下。厕纸在 100 多年前才出现。

今天的日本，厕所里装有一系列电子装置：可发热的马桶圈、可调节大小及方向的冲水器、风干设施等。

现在还有一种环保厕所，在马桶里装木屑——粪便和木屑的混合物是上好的肥料，不用冲水，没有异味，一举三得！

鞋子的漫漫长路

远古时期，我们的祖先是光着脚走路的。随着时间推移，人类发明了既可以保护双脚，又有装饰作用的鞋子。鞋子是如何发展到今天这个样子的呢？让我们一起了解一下吧！

光着脚走路的话，人的脚很容易受伤，有时是被冻伤，有时是被尖利的东西划伤。早在史前时期，人们就想到了用兽皮裹住自己的脚，这就是古人的"鞋子"。

　　4000年前，埃及人用纸莎草的纤维编织出一种前端翘起的凉鞋。这种凉鞋可以帮助人们更好地在炙热的沙地上行走，同时，翘起的前端还能防止沙子进到鞋内。

古罗马士兵每天都要步行很长时间，于是他们在鞋底装上了钉子，这样可以减少鞋底皮革的磨损，延长鞋子的使用寿命。

虽然这个时候鞋子已经出现，但它主要是给富人穿的，大多数的穷人仍然光脚走路。

中世纪时，鞋子不只用来保护双脚，更是地位的象征。那时候的人喜爱尖头的鞋子，鞋子的前部越尖，表示这个人的地位越高。

在意大利和西班牙，女士们喜欢穿鞋底很高的鞋子。虽然这种鞋子很不方便，穿上后甚至没办法独立行走，但高高的鞋底代表她们拥有专属的仆人，这是十分富有的表现。

在波斯，骑士们为了把脚牢牢固定在马镫里，发明了带跟的鞋子。这种鞋子便于骑士在马上直起身子射箭。

渐渐地，这种带跟的鞋子在欧洲的上流社会流行起来，并且样式越来越时髦。男士们最先穿上了一种用漂亮的缎带和珠宝装饰的高跟鞋。

后来，人们为了保护自己的漂亮鞋子不在走路时损坏，给鞋子装上了厚厚的鞋底。只是这样一来，走路就很不方便了……

在乡下，农民穿的鞋子是用木头凿出来的。虽然它能防止脚沾到泥土，但是这种鞋子真的很重！

　　大约 200 年前，鞋子还没有左右之分。医生们发现，这样的鞋子并不适合行走，会对脚造成损伤。

　　英国人发明了一种橡胶底的平底软鞋。这种鞋子非常适合运动时穿，比如打网球时人就喜欢穿它，于是这种鞋子就被称为网球鞋。

　　现在，人们的生活已经离不开鞋子了，鞋子的款式也变得多种多样：长筒靴、凉鞋、平底鞋、高跟鞋……大多数鞋子穿起来是舒适的，但也有人为了时尚，选择一些看着好看，穿起来却脚疼的鞋子。

你知道吗？

最近，一家法国工厂发明了一种跌倒时可以发出警报的鞋子。当人摔倒时鞋子就能发出求救警报，指明摔倒者的位置。

不可思议！

这双鞋子能够自己系鞋带！你只要抚摸鞋子，鞋带就会自动系紧。

太棒了！

这是一双装有全球定位系统的鞋子！人们选择好目的地后，当需要转弯时，鞋子就会发出振动！

这些能联网的新式鞋子总有一天会帮助到老年人和残障人士。

不一样的鞋子

日常生活中，我们经常能见到各式各样的鞋子。今天，就让我们一起认识一下鞋子家族的成员吧。

鞋子的构造

你知道鞋子的各个部分叫什么名字吗?

鞋舌位于鞋带的下方。

与鞋底相连,能够包裹住脚的部分叫作鞋帮。

鞋子后跟上的皮料叫作后跟衬皮。

这是鞋跟,它有不同的形状和高度。

鞋子直接接触地面的部分叫作大底。

鞋底周围的细皮带叫作皮衬条。

鞋垫在鞋子内部，它的形状随着鞋底形状的变化而变化。

为了保护脚掌免受地面冲击，中底大多是由海绵或气垫制成的。

直接接触地面的大底一般很坚硬，不但耐磨，而且带有防滑功能。

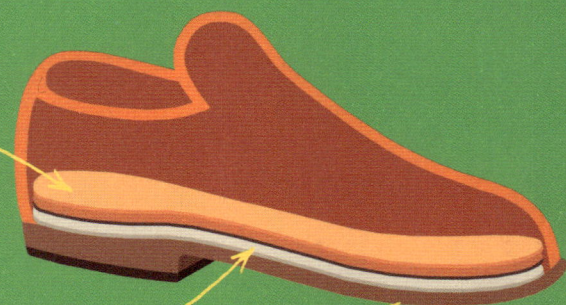

鞋带穿过的孔洞叫作鞋眼。

位于脚面上方的部分叫作鞋面。

包裹脚趾的部分叫作鞋头。

这种鞋叫什么？

不同款式的鞋子都有自己的名字。在最下面找到它们的名字吧！

这种鞋的鞋底是用橡胶制成的，十分轻巧，便于运动。除了运动，人们常常也会因为时尚而穿它。

这种鞋的鞋跟很高，样式优雅，可是走起路来很不方便！

这种鞋是用柔软的皮革做的,适合在出行的时候穿。

这种开口的鞋在夏天很常见。

短靴　　　　　　平底女鞋　　　　　　长筒靴　　　　　渔夫鞋

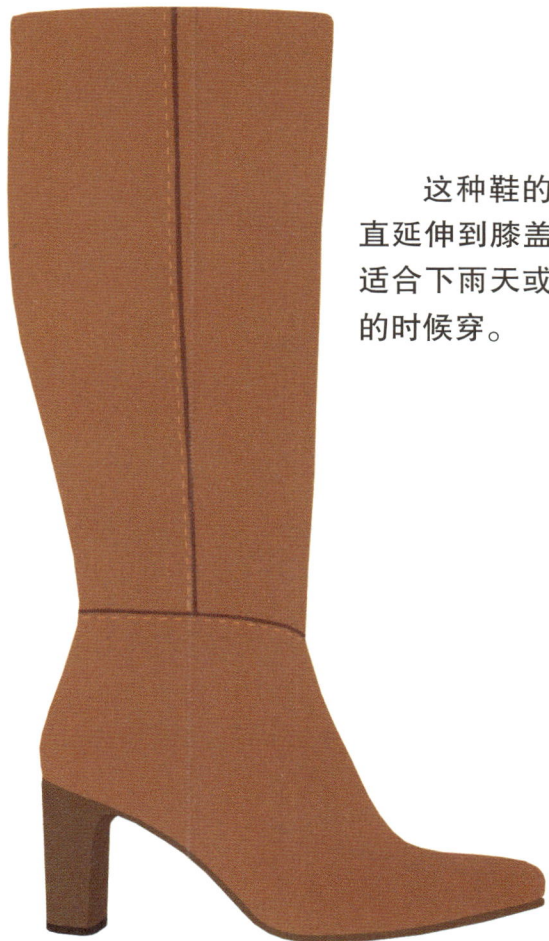

这种鞋的鞋帮一直延伸到膝盖处，很适合下雨天或者天冷的时候穿。

这种鞋的鞋帮高度到脚踝。

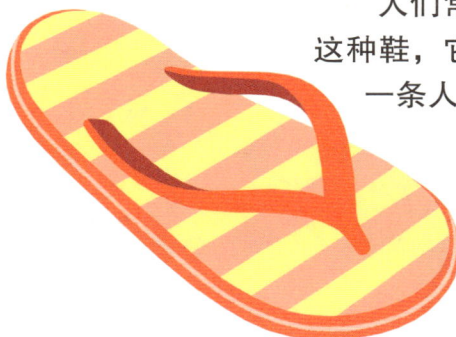

人们常常在沙滩上穿这种鞋，它只有鞋底以及一条人字形的带子。

这种鞋很像舞蹈鞋。

这种鞋主要用帆布和麻绳制成。

高跟鞋

运动鞋

人字拖

休闲鞋

凉鞋

特殊行业用鞋

某些行业的工作者需要穿上特殊的鞋子才能工作。

渔民

这种橡胶做的长筒靴能够防水和抗寒。

它的高度能达到膝盖。

它的鞋底是防滑的。

鞋底的小尖齿留出了供水流过的缝隙。

建筑工人

这种鞋叫作安全鞋。

它的鞋头里有金属板，能更好地保护脚趾。

消防员

这种鞋能在火场中抵御高温。

这种高鞋帮可以很好地保护脚踝。

带槽的鞋底能增加摩擦力，帮助消防员在火场中稳步行走。

救生员

这种鞋叫作沙滩拖鞋。

这种鞋很容易脱掉，在遇到紧急情况时救生员能迅速脱掉鞋子潜入水中！

这条灰色带子是一个束环，能把鞋子牢牢固定在太空服上。

航天员

这种鞋有两层，它能很好地抵御外太空的寒冷。

87

体育用鞋

运动员们为了保护好自己的脚，会在不同运动中穿上不同的鞋。

攀岩

鞋上的粘扣能将脚牢牢固定在鞋子里。

鞋底是橡胶做的，十分柔软，能够顺应脚部的动作。

马术

这种长筒靴的高度几乎到膝盖。它能保护骑手腿部不会在和马匹腹部的摩擦中受伤。

远足

这种鞋的鞋帮很高，能更好地保护脚踝。

厚厚的鞋底和锯齿形设计，可以让脚免受伤害，也可以避免滑倒！

鞋跟能帮助骑手把脚牢牢固定在马镫里。

88

拳击

这种高帮鞋很柔软，也很轻。它能在不影响脚踝动作的同时起到很好的保护作用。

芭蕾舞

跳芭蕾舞的时候，舞蹈演员需要穿上专用的鞋子，这就是我们说的芭蕾舞鞋。

两根带子要缠绕在脚踝上，以保证鞋子紧贴在脚上。

鞋头很硬。这样舞者就能用脚尖站立了。

鞋带的两端隐藏在鞋舌下面，这样就不会对球员触球造成影响。

足球

鞋钉能防止足球运动员在草地上打滑。

奇特的鞋子!

这些鞋子看起来很特别，你见过吗?

小丑鞋

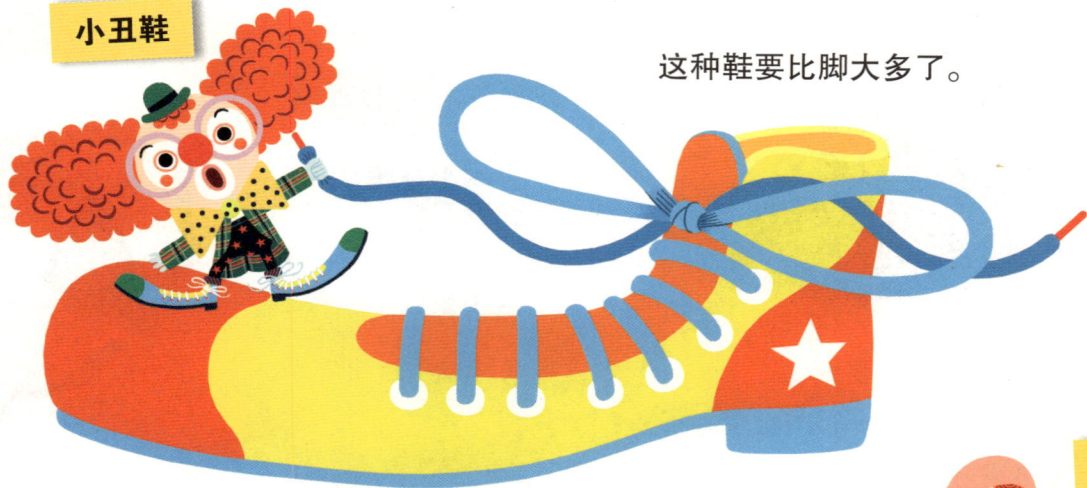

这种鞋要比脚大多了。

小丑穿上这种鞋后，走起路来就会摇摇晃晃，显得笨手笨脚的，几乎要摔倒了!

脚蹼

脚蹼是潜水员在潜水的时候穿的。

分趾鞋

我们穿上这种鞋做运动就好像没有穿鞋一样!

它的鞋头分成五个脚趾的形状。

雪鞋

雪鞋的鞋底是筛网状的，鞋子被固定在上面。

防滑脚扎

人们利用这种脚扎爬到高处修剪树枝。

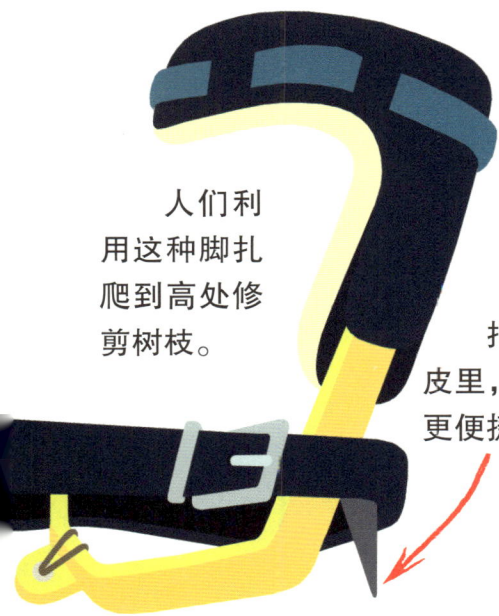

把尖刺扎到树皮里，可以让爬树更便捷。

这种筛网状的鞋底非常宽大，这样鞋子就不会陷到雪里了。

双排轮滑鞋

鞋子的上半部分是带有高跟的半高筒靴。

鞋头是敞开的，能让水流过。

这是蹼。它能推动水流，让潜水员更快地前进。

鞋子的底部有一块金属板，安装有四个轮子，每边两个。

鞋头连接着橡胶做的刹车器，可以帮人在快速行进时减速直至停止。

从双脚到滑板车
——交通工具大变迁

我们的祖先刚刚从树上搬到地面生活时，依靠的是自己的双脚行走或奔跑。但时间一长，只靠双脚行动的局限性越来越大，人们想移动得更快，或者去更远的地方，这时要怎么办呢？

8000 多年前，人们发明了可以在水上使用的独木舟！这种独木舟不但可以长时间航行，而且比游泳省力多了。

后来，人们学会了利用风力，于是为小船提供动力的风帆诞生了！最早的风帆是用兽皮制作的，后来才改用布。随着帆船的出现，越来越多的人开始探索外面的世界，有些人还会搬到更远、环境更好的地方定居。

在人类学会驯养野生动物之后，马开始登上交通工具的舞台，逐渐成为载人和运输的主要"劳动力"。但马的体力有限，走多了也会累……

于是，改变世界的发明——轮子出现了！有了轮子，人们就可以制造马车或者牛车，将非常重的东西运送到远方。

因为轮子要在坚实、光滑的地面上才能更好地发挥作用，所以人们开始用小石子和结实的石块加固土路，修建公路，让地面变得平整。

下面是各种各样安装了轮子的交通工具！几千年来这些交通工具都是由动物来拉动的。

双轮马车

华丽的四轮马车

有篷的轻便马车

公共马车

　　200 多年前，瓦特改良了蒸汽机。经过改良的蒸汽机以煤炭为燃料，能够提供强大的动力。有了这种机器，人们就能驱动更大的火车或轮船。

100 多年前，人们发明了燃油发动机！它比蒸汽机效率更高，也更轻便。很快，以汽油或柴油为动力的汽车也被发明出来。

同一时期，不受燃料困扰的自行车也问世了，有些人还尝试给自行车安上燃油发动机，这样就创造出了最早的摩托车！

　　随着时间的推移，发动机性能越来越强，同时也越来越小巧轻盈，人类的飞翔梦终于有机会实现了！工程师使用新型发动机研制出了第一架飞机，早在 100 年多前，飞行员就已经可以驾驶飞机飞越大海了！

　　不过燃油发动机很不环保，于是工程师开始使用更清洁的能源——电来驱动各种机器。慢慢地，电动机也开始成为火车、地铁和有轨电车的主要动力。

　　如今，生活中随处可见各种各样的交通工具！你在图中发现了几种呢？这些交通工具有的用汽油，有的用电……可是最环保的交通工具还是要靠我们自己的肌肉力量来带动，例如自行车或者步行！

交通运输的今天

今天，很多人拥有自己的汽车，而交通环境也越来越复杂……

现在的有轨公交车依靠电力运行，行驶时只发出很小的噪声。

为了缓解交通堵塞，公交车有自己的专用车道。

有了自行车道，骑自行车就变得安全多啦！

现在的柏油马路比以前的石子路更平坦。

有了红绿灯，行人过马路也比以前更安全。

城市轨道交通
非常便捷，可以在
全城畅通无阻。

这辆送货的卡
车违章停车，阻碍
了交通。

鲜花
盆栽

美一美高级时装

摩托车在汽车车
流中左冲右突，场面
惊心动魄。

重型货车庞大的车身
占去路面很多地方。

101

火车的传奇历史

火车是一项改变了人们生活的发明，它能让我们更快地到达更远的地方，让人与人之间的距离快速拉近！

大约 200 年前，英国的矿工在矿井中使用了一种小推车运煤。他们把小推车连接在一起，用马拉着它们在铁轨上前行。

蒸汽机问世以后，工程师用它代替了马匹。有人想，这些小推车除了能运煤，是否也能载人呢？于是火车就这样诞生啦！

　　20 世纪初，豪华火车出现了。富人们经常乘坐这类火车出行，他们住在火车包间内，里面配有床铺和卫生间。

　　那时候的火车司机工作十分辛苦，他们除了要操控火车正常行驶之外，还需要顶着寒风，把煤填入火车头的锅炉里。

　　富人们还可以在餐车上用餐。那时的火车速度还没有像现在这样快，他们有时会在火车上待好几天呢，不吃饭可不行！

　　随着技术的发展，人们的工作不像过去那样辛苦了，假期也变长了！有更多的人能在工作之余乘坐火车去海边或山上度假。

火车的行进路线有时候会被河流和高山阻断，于是工程师就设计了桥梁和隧道，将相隔很远的城镇连接起来。

在大洋洲、非洲和美洲，人们会用一种巨型火车运输货物。有的货车甚至会有8个火车头，带动着682节车厢。满载货物的巨型火车浩浩荡荡地奔驰在原野上，场面十分壮观！

还有能穿越海底的火车呢！1994年，英吉利海底隧道正式投入运行，将法国和英国连接起来。两个国家的人民可以通过火车来往啦！

城市的规模越来越大，人们住的地方离工作的地方也越来越远。住在郊区的人可以乘坐城际列车去上班，就不需要开自己的汽车了。

工程师还发明了高速列车。现在，很多国家的高速列车最高时速都已经超过了300千米！

除了远程交通之外，城市里也需要建立更加便捷的交通网络。于是，人们在街道和建筑下面挖通隧道，铺设铁轨，这就是最初的地铁了。

现在，有些大城市的地铁是完全由电脑来操控的。

旅途愉快！

坐火车当然要去火车站啦！旅客们可以选择各种方式抵达火车站，步行、开私家车、乘出租车、骑自行车或者坐公交车都可以。

临时
停车点

在临时停车点下车的话，一定要动作迅速，可不能耽搁太长时间！

停车场需要付费才能停车。

车站上方有一座负责报时的大钟。

车站

旅客们在出租车停靠点排队等车。

这是自行车停车场，人们可以把自行车停在室内。

P

TAXI

Taxis

FRET

公交

这位旅客在查看公交车线路图。

111

火车站太大了，很容易迷路，怎么办？不用担心，这里秩序井然！

行李存放处 🧳

售票处

这是行李寄存处，我们可以把行李放进一个带锁的柜子里。

安保人员在巡查车站，保护旅客安全。

在报刊亭里能买到杂志、书籍，甚至还能买到吃的！

等车的间隙，这位旅客弹起了钢琴，琴声在整个车站里回响！

售票处

这位旅客正在柜台前改签车票，因为她错过了上一班火车。

有时候，上厕所也需要排队！

会合点

这位先生是来车站接人的，他们约好在"会合点"碰面。

这位先生在自动售票机上打印网上订购的火车票。

候车室提供了很多座位，旅客们可以坐在这里等待。

车次	到点	始发站	出站口	站台	状态
G7344	09:57	瑞安	北2，南2	17	正点
G7507	09:58	南京南	北2，南2	8	正点
D3068	10:02	上海南	北3，南3	29	正点
G7319	10:06	上海	北3，南3	20	正点

火车站的电子显示屏上会显示车次、终点站、出发时间、候车站台等信息。

登上火车前需要检票。

这位旅客正在查看电子客票上的车次。

车站工作人员告诉旅客他乘坐的火车停靠在哪个站台。

清洁工正在清洁地面。

这位乘坐轮椅的旅客使用电梯到达出发站台。

站长正在巡视火车站，检查这里是否一切正常。

显示屏上显示着即将到站火车的信息。

列车终点站
上海虹桥

1

为了安全，在站台上候车时，我们要离警戒线远一些。

旅客能通过地下人行通道到达其他站台。

这是一节车厢，每节车厢都有独立的编码。

接触网为火车输送高压电。

电能通过导电弓架输送到火车的发动机上。

列车终点站
上海虹桥

11

10

3 4

这个字母标志着
每节车厢在站台上对
应的位置。

P

这里显示的是
火车平面图。

火车车厢位置

2 3

发动机在这个车头
里，一列火车有时会有
不止一个车头。

1 4

火车司机坐在火车前
方的驾驶位上。

你知道吗?

乡村的火车站通常都很小，只有两个站台，轨道两侧各有一个。

大城市的火车站就大多了，地上和地下加起来一共有好几层，除了火车，大的火车站还会停靠地铁。

日本有个火车站建在半山腰上，没有入口和出口，人们在这里停留只为了欣赏风景。

你知道吗?

在中国，磁悬浮列车能利用磁力前进，不需要接触地面。

和地铁一样，有轨电车也在城市中穿行，只不过它们出现在地面上，有一条或者两条轨道。

今天，高速铁路发展迅速，有时候坐火车比坐飞机还快，不过我们还不能坐火车跨越大洋。

伦敦的一个火车站里甚至还有个魔法师专用站台，被称为9¾站台。这个站台源于 J.K. 罗琳的"哈利·波特"系列作品，是作者想象出来的。

国际空间站

这个空间站是由几个国家共同建设的，接送航天员及运输补给品也由不同国家的飞船负责。

空间站距离地面的高度约为400千米，它不停地围绕地球旋转，我们称为在轨道上运行。

这艘名为进步号的货运飞船靠站了，它给航天员们送来了食物。

这些巨大的太阳能电池板通过吸收阳光的能量来发电，供空间站使用。

这艘俄罗斯飞船名叫联盟号，船舱内共有三名航天员。

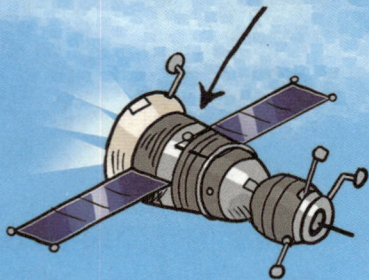

这是日本的HTV货运飞船。从2009年9月开始，这艘飞船就用来运输物资。它是一艘无人驾驶的飞船，船舱内没有航天员。

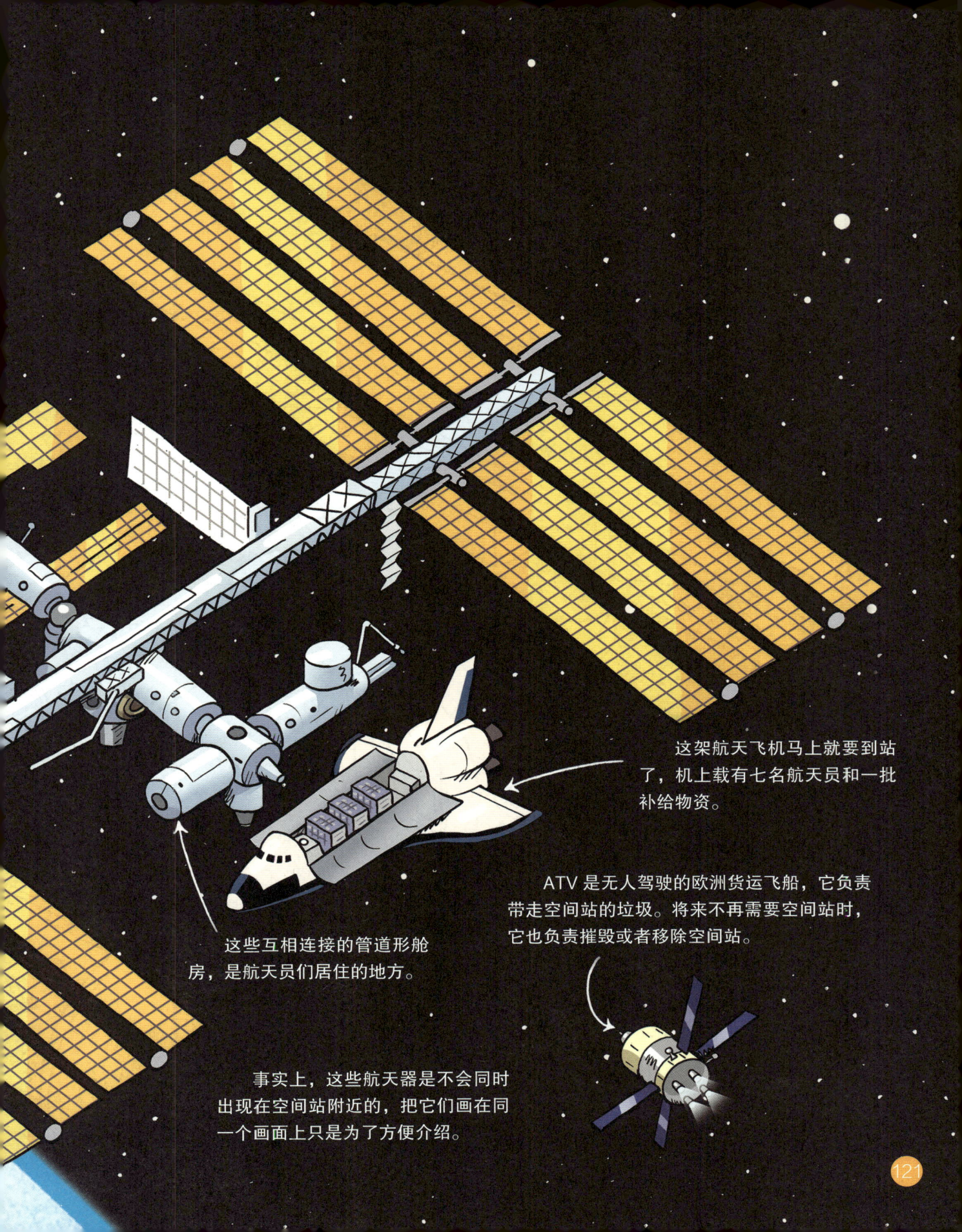

这架航天飞机马上就要到站了，机上载有七名航天员和一批补给物资。

ATV 是无人驾驶的欧洲货运飞船，它负责带走空间站的垃圾。将来不再需要空间站时，它也负责摧毁或者移除空间站。

这些互相连接的管道形舱房，是航天员们居住的地方。

事实上，这些航天器是不会同时出现在空间站附近的，把它们画在同一个画面上只是为了方便介绍。

宇宙中的生活

空间站里一直都很热闹。航天员们要在这里完成建设工作，以便在站内进行科学实验。

在宇宙中是没有上下方之分的，看！这位航天员就这么挂在墙上睡觉。

为了锻炼身体，这些航天员在生活舱内也坚持做运动。

航天员们脚不沾地，也永远不会摔倒，他们是飞着来、飞着去的。

122

这个机械臂就像一台起重机，装卸货物全靠它了。

宇宙中是没有空气的，所以航天员在舱外工作时一定要穿上航天服！

这位航天员正忙着卸下航天飞机送来的货物。

这位科学家正在做实验。

空间站内的物件都要加以固定，否则它们会飘浮起来。

123

奇趣乐园

快在书中找一找下面这些图片都出现在哪里吧！
请扫描二维码查看答案。

索引

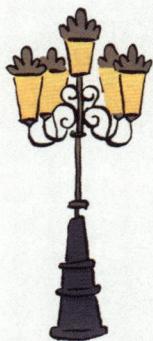

图书在版编目(CIP)数据

改变世界的发明 / 法国巴亚出版社编绘 ; 潘蕾译
-- 天津 : 新蕾出版社 , 2023.12
（人类文明档案馆）
ISBN 978-7-5307-7488-5

Ⅰ.①改… Ⅱ.①法… ②潘… Ⅲ.①创造发明－儿
童读物 Ⅳ.① N19-49

中国国家版本馆 CIP 数据核字 (2023) 第 052778 号

书　　名：改变世界的发明　GAIBIAN SHIJIE DE FAMING
出版发行：天津出版传媒集团
　　　　　新蕾出版社
http://www.newbuds.com.cn
地　　址：天津市和平区西康路35号 (300051)
出 版 人：马玉秀
电　　话：总编办 (022) 23332422
　　　　　发行部 (022) 23332679　23332362
传　　真：(022) 23332422
经　　销：全国新华书店
印　　刷：天津新华印务有限公司
开　　本：889mm×1194mm　1/16
字　　数：60千字
印　　张：8
版　　次：2023年12月第1版　2023年12月第1次印刷
定　　价：68.00元